Systèmes de Déférences et Cellules Électrochimiques

Par Dr. Malika Ammam

Copyright© 2017 Malika Ammam. Tous droits réservés.

Offres de Remise

5% de réduction pour des achats de 1 à 5 livres.

8% de réduction pour des achats de plus de 5 livres.

Pour recevoir la remise, envoyez votre demande via https://www.malika-ammam.com/ avec les détails de votre commande et compte PayPal. Assurez-vous que les détails de votre commande (Amazon ou autres sites) ont dépassé la politique de retour de 30 jours.

Merci,

Introduction

En tant que professeure de chimie physique, j'ai remarqué que les étudiants, même dans des classes avancées, ont des difficultés à comprendre les bases d'oxydoréduction (chimie redox ou électrochimie). La quantification des quantités d'oxydoréduction comme les potentiels nécessite des systèmes (ou électrodes) de référence pour comparaison. La Section 4 discute l'importance des systèmes (ou électrodes) de référence dans la détermination des grandeurs électrochimiques. Plusieurs électrodes de référence avec leurs potentiels standards sont fournies, et les tendances des potentiels redox à travers le tableau périodique sont résumées. La Section 5 résume les composants de base des cellules électrochimiques en termes d'électrode et d'électrolyte, ainsi que les principales quantités mathématiques régissant les réactions d'oxydoréduction à l'équilibre expliquées par l'équation de Nernst. Pour clarifier davantage les concepts discutés, un grand nombre de questions et problèmes avec réponses détaillées sont fournis. La plupart de ces questions sont formulées par des étudiants comme vous. Je crois que ces deux Sections aiderait grandement les étudiants avec des niveaux variant de l'école secondaire aux cours universitaires avancés.

Section 4

Importance des Références en Détermination des Potentiels Redox

Concepts de Base avec Questions et Problèmes Résolus

Sommaire

La section précédente décrivait les réactions d'oxydoréduction et proposait des moyens de déterminer les états d'oxydation des éléments, ainsi que les moyens d'équilibrer les réactions d'oxydoréduction. Cette section discute l'importance des systèmes de références (ou électrodes) en électrochimie en détermination des potentiels des réactions redox aux conditions différentes des standards. Les tendances des potentiels redox à travers le tableau périodique sont également résumées.

1. **Systèmes (ou électrodes) de référence**

Les systèmes de références (ou électrodes) sont caractérisés par des potentiels ou des tensions bien connus et stables, qui sont obtenus par des solutions tamponnées ou saturées d'électrolytes contenant des espèces participantes dans le processus redox[1-7]. Les électrodes de références sont souvent utilisées comme des demi-cellules électrochimiques pour détecter (ou déterminer) les potentiels des réactions globales. En théorie, l'électrode normale à hydrogène (abrégé comme, ENH, $2H^+ + 2e^- \leftrightarrow H_2$) est une électrode de référence parfaite, mais ne peut pas être utilisée à des fins pratiques en raison des risques d'explosion si l'hydrogène s'échappe et réagit avec l'oxygène de l'atmosphère. Pour surmonter ce problème de sécurité, d'autres électrodes de référence sont utilisées à la place de l'électrode à hydrogène. Les exemples incluent l'électrode de calomel saturée (ECS) basée sur la réaction entre le mercure élémentaire et le chlorure de mercure (I) ($Hg_2Cl_{2(s)} + 2e^- \leftrightarrow 2Hg_{(l)} + 2Cl^-$), électrode argent-chlorure d'argent impliquant des réactions redox entre le métal argenté (Ag) et son sel chlorure d'argent AgCl ($AgCl(s) + e^- \leftrightarrow Ag(s) + Cl^-$), ainsi que l'électrode de sulfate de cuivre-cuivre (II) impliquant le cuivre métallique et son sel de cuivre (II) sulfate ($Cu^{2+} + 2e^- \leftrightarrow Cu$).

2. **Potentiels standards**

La tendance des espèces chimiques à acquérir ou donner des électrons est mesurée en termes des potentiels de réduction ou d'oxydation, qui sont également liés aux énergies d'ionisation[1-8]. Ainsi, la mesure des potentiels ou énergies est d'une grande importance pour évaluer la faisabilité des processus redox dans des conditions particulières. Aux conditions standards (température 298 K ou 25 °C, pression 1 atm, concentration 1 mol L^{-1}), les potentiels des réactions d'oxydoréduction aux états d'équilibres sont appelés les potentiels standards (abrégé par, E^o). Sous ces conditions, les valeurs de divers systèmes redox sont mesurées et rassemblées dans des tables thermodynamiques[2]. Ces potentiels sont déterminés par rapport à un système de référence, qui est souvent l'électrode à hydrogène ($2H^+ +2e^- \leftrightarrow H_2$), mais d'autres références sont également utilisées. Notez bien que l'électrode normale à hydrogène a un potentiel de zéro volts dans les conditions standards (ENH, $2H^+ + 2e^- \leftrightarrow H_2$, $E^o = 0,00$ V). Les autres systèmes de référence mentionnés ont les potentiels standards suivants: ($Hg_2Cl_{2(s)} + 2e^- \leftrightarrow 2Hg_{(l)} + 2Cl^-$, $E^0 = +0,268$ V), ($AgCl_{(s)} + e^- \leftrightarrow Ag_{(s)} + Cl^-$, $E^0 = +0,222$V) et ($Cu^{2+} + 2e^- \leftrightarrow Cu$, $E^0 = 0,314$ V).

3. Potentiels redox

Le potentiel redox se réfère à la tendance d'une réaction à se produire par rapport à un système de référence[1-8]. Les potentiels redox sont souvent mesurés dans des solutions aqueuses en utilisant des cellules électrolytiques, mais des solvants organiques peuvent aussi être utilisés pour des systèmes insolubles dans des milieux aqueux[9-10]. L'électrode normale à hydrogène (ENH) est habituellement utilisée comme système de référence standard, auquel on a attribué un potentiel standard de zéro, mais d'autres références, y compris le calomel et le mercure, sont également utilisées. Il faut garder à l'esprit que les potentiels redox des réactions sont toujours déterminés par rapport aux systèmes de référence, ce qui permet de comparer la capacité de divers systèmes à s'oxyder ou réduire non seulement par rapport aux systèmes de références, mais aussi entre eux. Si une réaction a un potentiel d'oxydation supérieur à celui d'un système de référence comme l'ENH, cela indique que la réaction a plus tendance à se produire que le système de référence. En revanche, si la réaction a un potentiel inférieur à celui d'un système de référence, la réaction aura moins tendance à être entraînée vers l'état oxydé, mais la réaction inverse se produira pour former l'état réduit.

Dans les tables thermodynamiques[2], les potentiels des différents systèmes redox (ou couples) sont souvent exprimés en termes de potentiel de réduction mais le potentiel d'oxydation peut être obtenu en inversant le signe. Par exemple, si le potentiel de réduction du couple redox (Ag^+/Ag) = 0,79 V vs. ENH, le potentiel d'oxydation peut simplement être écrit comme: (Ag/Ag^+) = -0,79 V vs. ENH. En outre, certains tables thermodynamiques énumérant les potentiels redox sont obtenus dans des milieux acides et d'autres dans des milieux alcalins. D'autres milieux aqueux avec des *pH* variables ou même des solvants organiques peuvent également être trouvés dans la littérature[2]. Il faut garder à l'esprit que les valeurs des potentiels dépendent du *pH*, des concentrations des espèces redox, de température (*T*) et de pression (*P*). Ces concepts seront discutés dans les prochaines sections.

Bien que les solvants aqueux soient plus souvent utilisés en chimie redox, des solvants non aqueux peuvent parfois être utilisés lorsque les espèces redox sont insolubles dans des milieux aqueux. Dans ce cas, des systèmes de référence non aqueux sont nécessaires pour détecter les potentiels des couples redox dissous dans ces milieux non aqueux. Le seul problème est que les électrodes de référence non aqueuses souffrent d'instabilité à long terme. Le système de référence le plus utilisé pour détecter les potentiels dans des solvants non aqueux est basé sur le ferrocène (Fc^+/Fc). Ce couple redox est soluble dans de nombreux solvants organiques et son potentiel dépend du milieu de dissolution. Des exemples comprennent l'acétonitrile, dichlorométhane, acétone, tétrahydrofuranne et diméthylsulfoxyde. Pour éviter des fluctuations significatives dans les valeurs des potentiels des systèmes de référence non aqueux, de préférence ils doivent être préparés avant chaque expérience. Si on compare aux électrodes de référence aqueuses, la procédure de préparation des systèmes de référence non aqueux est, heureusement, plus simple et directe. Par exemple, une électrode de référence de type (Fc^+/Fc) pourrait simplement être préparée en immergeant un fil de Ag/AgCl dans un verre fritté remplie d'une solution de ferrocène contenant de l'acétonitrile et un électrolyte comme de chlorure de tert-butyle à une concentration spécifique. Le potentiel de ce système de référence devrait être aux alentours de 400 mV vs. Ag/AgCl.

4. Changement de potentiel à travers le tableau périodique

La connaissance des structures électroniques des éléments à travers le tableau périodique permet la détermination et l'interprétation de leurs propriétés chimiques, y compris leurs tendances à s'oxyder ou réduire ainsi que le nombre d'électrons qui pourraient être donnés ou acceptés. Il faut garder à l'esprit que les potentiels d'oxydoréduction sont des grandeurs mesurées mais les tendances redox des éléments à travers le tableau périodique peuvent être devinées dans une certaine mesure.

4.1. Tendances à travers le groupe des métaux alcalins

Tous les métaux alcalins du tableau périodique (Li, Na, K, Rb, Cs) possèdent une orbitale externe contenant un seul électron. Parce que cet électron est loin du noyau et attaché avec un minimum d'énergie, il pourrait facilement être retiré de l'orbite. Cela entraîne des énergies d'ionisation plus faibles et des électronégativités modestes des métaux alcalins. Dans ce groupe, plus l'électron est éloigné du noyau, plus il est faiblement attaché. Ainsi, l'électron peut être éjecté plus facilement dans Cs que dans Li. Par conséquent, les éléments des métaux alcalins sont très réactifs et peuvent facilement céder leur électron de couche externe à des éléments plus électronégatifs, tels que O et Cl pour former des composés comme $CsCl_2$, $NaOH$ et NaH.

Par conséquent, les métaux alcalins ont des potentiels d'oxydation relativement élevés (V vs. ENH): (Li/Li^+ = 3,05)> (Na/Na^+ = 2,71)< (K/K^+ = 2,92) = (Rb/Rb^+ = 2,92) = (Cs/Cs^+ = 2,92). Des composés susceptibles à la réduction pourraient ainsi être réduits par les métaux alcalins pour gagner 1 électron et s'oxyder. Un regard attentif sur la tendance de changement des valeurs d'énergie d'ionisation et d'électronégativité de Li à Cs et celui des potentiels d'oxydation révèle que Li a un potentiel d'oxydation plus élevé que ceux des autres métaux alcalins: Li/Li^+> Na/Na^+ < K/K^+ = Rb/Rb^+ = Cs/Cs^+. Ceci indique que Li donne son électron plus facilement que les autres métaux alcalins. Ce dernier est attribué aux propriétés d'hydratation supérieures de Li^+ en solution. En raison de sa plus petite taille, Li^+ a plus tendance à s'hydrater que d'autres cations de métaux alcalins. À son tour, cela augmente sa stabilité et empêche l'enlèvement d'un électron de sa couche externe.

4.2. Métaux alcalino-terreux

Les métaux alcalino-terreux (Be, Mg, Ca, Sr, Ba) ont 2 électrons dans leurs couches externes. Par conséquent, ils peuvent perdre un ou deux électrons en même temps lorsqu'ils sont mis en contact avec des espèces oxydantes. Les métaux alcalino-terreux sont donc des agents réducteurs forts, mais comparativement moins que les métaux alcalins. Les potentiels d'oxydation de ce groupe (en V vs. ENH) sont: (Be/Be^{2+} = 1,85) < (Mg/Mg^{2+} = 2,37) < (Ca/Ca^{2+} = 2,76) < (Sr/Sr^{2+} = 2,89) < (Ba/Ba^{+2} = 2,9). Notez bien que contrairement aux métaux alcalins, la tendance des potentiels d'oxydation augmente comme prévu de Be à Ba. La plus faible valeur de potentiel d'oxydation obtenue pour Be indique sa capacité inférieure à donner ces électrons.

4.3. Métaux de transition

Contrairement aux métaux alcalins et alcalino-terreux dans lesquels les électrons participant aux réactions redox proviennent uniquement de l'orbitale *s*, les métaux de transition impliquent des électrons provenant d'autres orbitales, tels que *d*. C'est la raison pour laquelle les éléments de ce bloc sont appelés le «bloc-*d*». En conséquence, les métaux de transition ont souvent plusieurs états d'oxydation car ils peuvent perdre ou gagner un ou plusieurs électrons selon les conditions. Les états d'oxydations les plus courants des métaux de transition sont +2 ou +3, mais des états d'oxydation plus élevés jusqu'à +7 (Mn^{+7}) ou + 8 (Os^{+8}) existe aussi.

La capacité d'oxydation des atomes des métaux de transition diminue à mesure que le nombre atomique augmente en raison des forces d'attraction accrues exercées par le noyau sur les électrons de la couche externe. Par exemple, Zn avec la configuration électronique de la couche externe $d^{10}s^2$ peut facilement donner ces deux électrons de l'orbitale s^2 pour former de Zn^{2+}. Cependant, Cu ($d^{10}s^1$) peut donner un électron de l'orbitale s^1 pour former de Cu^+ et un autre électron de l'orbitale d^{10} pour produire de Cu^{2+} même si l'orbitale d est complètement saturée. Ce dernier nécessite plus d'énergie et entraîne un potentiel d'oxydation plus élevé du couple redox Cu/Cu^+.

4.4. Lanthanides et actinides

Les processus redox avec les lanthanides et actinides impliquent des électrons provenant des orbitales d, s et peut-être f en raison de leurs nombres atomiques élevés, induisant ainsi plusieurs états d'oxydation similaires aux métaux de transition. L'état d'oxydation prédominant des lanthanides est 3+, lors de la formation des sels ioniques. Les caractéristiques électroniques des actinides sont similaires à celles des lanthanides. Les lanthanides et les actinides ont typiquement des potentiels d'oxydation élevés allant de 2 à 3 V. Donc, ils sont chimiquement actifs, où ils peuvent facilement réagir même par simple contact avec l'air ou l'eau.

Les propriétés des actinides et des lanthanides sont résumées dans les tableaux 1 et 2 en termes de nombre atomique, configuration électronique de la couche externe et états d'oxydation pertinents.

Tableau 1: Quelques propriétés électroniques des lanthanides.

Élément	La	Ce	Pr	Nd	Pm	Sm	Eu	Gd	Tb	Dy	Ho	Er	Tm	Yb	Lu
Numéro atomique (NA)	57	58	59	60	61	62	63	64	65	66	67	68	69	70	71
Configuration électronique de la couche externe (CECE)	$5d^1$	$4f^15d^1$	$4f^3$	$4f^4$	$4f^5$	$4f^6$	$4f^7$	$4f^75d^1$	$4f^9$	$4f^{10}$	$4f^{11}$	$4f^{12}$	$4f^{13}$	$4f^{14}$	$4f^{14}5d^1$
États d'oxydation possibles (EOP)	3	3, 4	3,4	3,4	3	2, 3	2, 3	3	3, 4	3, 4	3	3	2, 3	2, 3	3

Tableau 2: Quelques propriétés électroniques des actinides.

Élément	Ac	Th	Pa	U	Np	Pu	Am	Cm	Bk	Cf	Es	Fm	Md	No	Lr
NA	89	90	91	92	93	94	95	96	97	98	99	100	101	102	103
CECE	$6d^17s^2$	$5f^06d^17s^2$	$5f^26d^17s^2$	$5f^36d^17s^2$	$5f^46d^17s^2$	$5f^66d^17s^2$	$5f^76d^17s^2$	$5f^76d^17s^2$	$5f^86d^17s^2$	$5f^97s^2$	$5f^{11}7s^2$	$5f^{12}7s^2$	$5f^{13}7s^2$	$5f^{14}7s^2$	$5f^{14}6d^17s^2$
EOP	2,3	2,3,4	2,3,4,5	2,3,4,5,6	3,4,5,6,7	3,4,5,6,7,8	3,4,5,6,7,8	2,3,4,6	2,3,4	2,3,4	2,3,4	2,3	2,3	2,3	3

4.5. Autres groupes

Les propriétés des éléments peuvent souvent être prédites en fonction des positions dans le tableau périodique car elles suivent des tendances similaires au sein d'un groupe. Cependant, la tendance devient plus difficile à prédire en commençant du Groupe IIIA, représentant la transition des métaux aux non-métaux. Par exemple, dans le groupe IVA, Sn et Pb sont des métaux mais Ge est semi-métallique. Les éléments de ce groupe peuvent donner plusieurs états d'oxydation, où C et Si ont souvent +4, Ge peut avoir +2 ou +4 et Pb a souvent +2. Dans le groupe VA, P et N sont des non-métaux avec des états d'oxydation dominants de -3, +3 ou +5. Sb et As sont des demi-métaux avec un état d'oxydation habituel de +3, et Bi est un métal qui peut donner jusqu'à 3 électrons pour former Bi^{3+}. Dans le groupe VIA, O et S sont des non-métaux avec des électronégativités plus élevées, entraînant souvent l'état d'oxydation négatif de -2. Te et Se sont des semi-métaux, avec plusieurs états d'oxydation comme -2, +2, +4 et +6. Enfin, dans le groupe VIIA, tous les éléments sont des halogènes ou des non-métaux, ne nécessitant qu'un seul électron supplémentaire pour compléter la couche électronique externe et acquérir les configurations électroniques des gaz rares correspondants. Ainsi, l'état d'oxydation le plus élevé de ces éléments est -1. Cependant, dans certains composés, Cl, Br et I peuvent avoir des niveaux d'oxydation de +7.

Résumé

L'importance des systèmes de références (ou électrodes) dans les réactions redox est mise en évidence. Les électrodes de référence permettent de déterminer les potentiels redox des espèces dissoutes dans des solutions aqueuses ou non-aqueuses. Aux conditions standards (température 298 K ou 25 °C, pression 1 atm, concentration 1 mol L^{-1}), les potentiels des réactions d'oxydoréduction aux états d'équilibre sont donnés par les potentiels standards (E^o). Des exemples d'électrodes de référence avec leurs potentiels standards en milieu aqueux sont: ($2H^+ + 2e^- \leftrightarrow H_2$, E^o = 0,00 V), ($Hg_2Cl_{2(s)} + 2e^- \leftrightarrow 2Hg_{(l)} + 2Cl^-$, E^0 = +0,268 V), ($AgCl_{(s)} + e^- \leftrightarrow Ag_{(s)} + Cl^-$, E^0 = +0,222V) et ($Cu^{2+} + 2e^- \leftrightarrow Cu$, E^0 = 0,314 V). Dans des milieux non aqueux, l'électrode de référence la plus utilisée est basée sur le couple redox ferrocène/ferrocénium (Fc/Fc^+), qui est soluble dans de nombreux solvants organiques, tels que l'acétonitrile. Le potentiel de ce système de référence devrait être proche de 400 mV vs. Ag/AgCl. Notez bien que les potentiels d'oxydoréduction sont des grandeurs mesurées mais que les tendances changeantes des éléments à travers le tableau périodique peuvent être devinées en fonction des configurations électroniques externes. À l'exception de Li^+, les potentiels d'oxydation des métaux alcalins et des métaux alcalino-terreux augmentent au sein du groupe à mesure que le nombre atomique augmente. Pour les métaux de transition, leurs capacités d'oxydation diminuent lorsque le nombre atomique augmente en raison des forces d'attraction accrues exercées par le noyau sur les électrons de la couche externe. Les lanthanides et les actinides ont typiquement des potentiels d'oxydation élevés allant de 2 à 3 V, et la tendance devient plus difficile à prédire en commençant de Groupe IIIA, représentant la transition des métaux aux non-métaux.

Références

1. Ives, D. J. G.; Janz, G. J. (1961), Reference Electrodes, Theory and Practice (1st ed.), Academic Press.
2. Bard, A. J.; Faulkner, L. R. (2000), Electrochemical Methods: Fundamentals and Applications (2nd ed.), Wiley.
3. Zumdahl, S. S., Zumdahl, S. A. (2000), Chemistry (5th ed.), Houghton Mifflin Company.
4. Atkins, P.; Jones, L. (2005), Chemical Principles (3rd ed.), W.H. Freeman and Company.
5. Keith, O.; Myland, J.; Bond, A. (2011), Electrochemical Science and Technology: Fundamentals and Applications, Wiley.
6. Vladimir, S. B., Fundamentals of Electrochemistry, 2nd Edition, Wiley.
7. Dickerson, R. E.; Gray, H. B.; Haight, G. P. (1979), Chemical principles, (3rd edition), The Benjamin/Cummings Publishing Company, Inc., Menlo Park, CA.
8. IUPAC Definition of the Electrode Potential, Compendium of Chemical Terminology, (2nd ed.), (the "Gold Book"). Compiled by McNaught A. D.; Wilkinson, A. (1997), Blackwell Scientific Publications, Oxford.
9. Gritzner, G.; Kuta, J. (1984), Recommendations on Reporting Electrode Potentials in Nonaqueous Solvents, Pure Applied Chemistry, 56 (4): 461-466.
10. Pavlishchuk, V. V.; Addiso, A. W. (January 2000), Conversion Constants for Redox Potentials Measured versus Different Reference Electrodes in Acetonitrile Solutions at 25°C, Inorganica Chimica Acta. 298 (1): 97–102.

Section 4

Questions Pratiques et Problèmes avec Solutions

Un ensemble de questions pratiques et problèmes avec solutions détaillées sont fournies pour mieux expliquer les concepts discutés.

Q1. Brièvement, définir le potentiel de réduction d'une espèce chimique. Dans quelles conditions les potentiels de réduction standard sont-ils mesurés?

Sol1. Le potentiel de réduction est une mesure de la tendance d'une espèce chimique à acquérir des électrons. Les potentiels de réduction standards sont mesurés à une température de 25°C, pression de 1 Atm et concentration de 1 mol L^{-1}.

Q2. Considérons une électrode à hydrogène avec le potentiel standard ($E^0 = 0$ V) connecté à une électrode en Cu immergée dans une solution de Cu^{2+}. i) Expliquer pourquoi les électrons circulent de l'électrode d'hydrogène à celle de Cu. ii) Écrire les deux demi-réactions redox et la réaction globale. Le potentiel standard de H^+/H_2 = 0,00 V vs. ENH et celui de Cu^{+2}/Cu = 0,34 V vs. ENH.

Sol2. i) Les électrons circulent d'une électrode à l'autre s'il y a une différence de potentiel (ou gradient de potentiel) entre les deux électrodes. Par exemple, si deux fils de cuivre sont connectés ensemble dans une solution acide, les électrons ne circuleront pas d'un côté à l'autre parce que les deux électrodes sont faites du même matériau et immergées dans la même solution. Cependant, si une électrode d'hydrogène est connectée à un fil de cuivre immergé dans une solution de Cu^{2+}, les électrons circuleront d'un pôle à l'autre en raison de la différence de potentiel. Le potentiel standard de H^+/H_2 = 0 V par rapport à ENH et celui de Cu^{+2}/Cu = 0,34 V par rapport à ENH. Ainsi, le cuivre a un potentiel plus élevé ou plus d'affinité pour gagner des électrons, donc il va se réduire. En revanche, comme l'hydrogène a un potentiel inférieur, il va s'oxyder ou donner les électrons au Cu^{+2}.

ii) Les deux demi-réactions pourraient être exprimées comme suit:

Oxydation: $H_2 \rightarrow 2H^+ + 2e^-$

Réduction: $Cu^{2+} + 2e^- \rightarrow Cu$

Réaction globale: $H_2 + Cu^{2+} \rightarrow 2H^+ + Cu$

Q3. i) Quel potentiel de réduction standard est assigné à l'électrode d'hydrogène? Expliquer pourquoi? ii) L'électrode à hydrogène est-elle le seul système de référence existant? Sinon, fournir quelques autres exemples de systèmes de références. iii) Pourquoi les autres systèmes de références sont-ils préférés à l'électrode à hydrogène?

Sol3. i) L'électrode à hydrogène a un potentiel de réduction standard de zéro. Il est utilisé comme un système de référence pour mesurer les potentiels des autres systèmes contre lui. ii) D'autres systèmes de référence existent également, y compris l'électrode de calomel saturée basée sur la réaction entre le mercure élémentaire et le chlorure de mercure (I) ($Hg_2Cl_{2(s)} + 2e^- \leftrightarrow 2Hg_{(l)} + 2Cl^-$), électrode argent/chlorure d'argent impliquant des réactions d'oxydoréduction entre le métal argenté (Ag) et son sel chlorure d'argent ($AgCl_{(s)} + e^- \leftrightarrow Ag_{(s)} + Cl^-$), ainsi que l'électrode de sulfate de cuivre-cuivre (II) impliquant le cuivre métallique et son sulfate de cuivre (II) ($Cu^{2+} + 2e^- \leftrightarrow Cu$).

iii) Les autres systèmes de référence sont préférés en raison des caractéristiques risquées de l'électrode à hydrogène. Si l'hydrogène gaz s'échappe de l'électrode et réagit avec l'oxygène présent dans l'air, une explosion se produira. Les autres systèmes sont beaucoup plus sûrs à utiliser.

Q4. i) Quelle est la relation entre les potentiels de réduction et d'oxydation des couples redox dans les conditions standards? ii) Si le potentiel d'oxydation de Na/Na$^+$ = +2,71 V vs. ENH, quel est le potentiel de réduction de ce couple redox?

Sol4. i) Le potentiel de réduction d'un couple redox aux conditions standard diffère du potentiel d'oxydation uniquement dans le signe. Si le potentiel de réduction d'un couple redox est E, le potentiel d'oxydation aura la valeur de $-E$. ii) Si le potentiel d'oxydation de Na/Na$^+$ = +2,71 V vs. ENH, le potentiel de réduction Na$^+$/Na = -2,71 V vs. ENH.

Q5. Fournir les valeurs de concentration et de température utilisées pour mesurer les potentiels standards.

Sol5. Les valeurs de la concentration et de température utilisée pour mesurer les potentiels standards sont respectivement de 1 mol L^{-1} et 298 K (25 °C).

Q6. i) Quels électrons sont plus susceptibles à perdre par les métaux de transition? ii) Comment le comportement métallique des métaux de transition varie-t-il avec le nombre d'oxydation? iii) Par quels moyens les métaux de transition pourraient-ils être stabilisés dans des états d'oxydation élevés?

Sol6. I) Les métaux de transition sont susceptibles de perdre d'abord les électrons non appariés présents dans les couches externes. ii) Les métaux de transition ayant des états d'oxydation inférieurs auront un comportement métallique plus important que ceux ayant des états d'oxydation plus élevés. iii) Les métaux de transition à des niveaux d'oxydation plus élevés peuvent être stabilisés par coordination avec l'oxygène pour former des oxydes métalliques. Par exemple, Cr(VI) et Mn(VII) peuvent former des oxydes coordonnés stables, tels que CrO_4^{2-} et MnO_4^-.

Q7. Dans le tableau périodique, comment la capacité d'oxydation des cations des métaux de transition (+2 ou +3) varie-t-elle avec l'augmentation du nombre atomique?

Sol7. Lorsque le nombre atomique augmente, la capacité d'oxydation des cations de métaux de transition (+2 ou +3) diminue généralement, reflétant la plus grande difficulté à éliminer les électrons des éléments de transition ayant des nombres atomiques petits. Ce dernier pourrait s'expliquer par l'augmentation des forces d'attraction exercées par le noyau sur les électrons de la couche externe des métaux de transition ayant des nombres atomiques plus faibles. Les éléments de transition avec des nombres atomiques plus élevés auront leurs électrons de la couche externe loin de leurs noyaux, ce qui les rendra faciles à enlever.

Q8. Le potentiel d'oxydation du métal Al en Al^{3+} est de 1,67 par rapport à ENH. i) Écrire la réaction d'oxydation de Al en solution aqueuse. ii) Combien d'électrons sont impliqués dans cette réaction redox? iii) Quelle est la valeur de potentiel pour réduire Al^{3+} à Al? iv) Al^{3+} est-il un bon oxydant?

Sol8. i) La réaction d'oxydation de Al en Al^{3+} peut s'écrire comme suit: $Al \rightarrow Al^{3+} + 3e^-$

ii) Cette réaction implique 3 électrons, qui sont perdus par le métal Al au cours du processus d'oxydation.

iii) Le potentiel de réduction de Al^{3+} en Al est de -1,67 V vs. ENH. iv) Parce que le potentiel de réduction de Al^{3+} en Al est trop négatif, Al^{3+} n'est pas un bon agent oxydant.

Q9. Considérons les éléments du groupe des métaux alcalino-terreux: Be, Mg, Ca, Sr et Ba. Les électronégativités et tailles atomiques respectives de ces éléments sont: (1,6, 1,3, 1,0, 0,95 et 0,89) et (0,89, 1,36, 1,74, 1,91 et 1,98). Indiquer comment le potentiel d'oxydation doit varier dans ce groupe. Expliquer pourquoi, en utilisant les valeurs de l'électronégativité et taille atomique.

Sol9. (Be, Mg, Ca, Sr et Ba) appartiennent au second groupe du tableau périodique appelé métaux alcalino-terreux. Ces éléments ont 2 électrons dans leurs orbitales externes, qui pourraient être perdus en présence d'agents oxydants forts pour former des cations avec des charges 2+. L'électronégativité est une mesure de tendance d'un élément à attirer un électron dans une liaison chimique. Plus l'électronégativité est élevée, plus l'élément est difficile à oxyder (ou perdre un électron). Puisque l'électronégativité diminue de Be à Ba, cela signifie que Be a moins tendance à perdre des électrons que Ba. En outre, plus le rayon atomique est faible, plus les électrons de la couche externe sont plus attachés au noyau, ce qui les rend difficile à oxyder (ou éjecter de la couche externe). Ces deux paramètres pourraient prédire comment les potentiels d'oxydation devraient varier dans ce groupe. Le potentiel d'oxydation (ou la capacité à perdre des électrons) devrait augmenter de Be à Ba.

Q10. Considérer les éléments suivants: K, Sc, V, Mn et Co. i) En utilisant le tableau périodique, déterminer la configuration électronique de chaque élément. Écrire la configuration des orbitales externes sous forme de $d^n s^m p^z$. Déterminer les états d'oxydation de chaque élément et expliquer pourquoi. Rassembler toutes les réponses dans un tableau.

Sol10.

Élément	Numéro atomique	Configuration électronique	$d^n s^m p^z$	Numéros d'oxydation	Explication
K	19	$[Ar]4s^1$	$d^0 s^1 p^0$	K^+	K possède un seul électron dans la dernière couche. Ainsi, il ne peut que perdre cet électron pour former une configuration électronique stable similaire à celle de l'Ar.
Sc	21	$[Ar]3d^1 4s^2$	$d^1 s^2 p^0$	Sc^{+3}	Sc peut perdre jusqu'à 3 électrons pour former une structure stable similaire à celle de l'Ar. Bien que d'autres états d'oxydation puissent exister (+1 et +2), le plus stable est 3+.
V	23	$[Ar]3d^3 4s^2$	$d^3 s^2 p^0$	V^{2+}, V^{3+}, V^{5+}	V a un total de 5 électrons qui pourraient être perdus par oxydation. Dans certains cas, les deux électrons de l'orbitale s seront perdus pour former V^{2+}. Une fois que ces électrons sont partis, un autre électron de l'orbitale d pourrait être perdu pour donner V^{3+}. V peut également perdre tous ces électrons de la couche externe pour former V^{5+}, comme dans NH_4VO_3.
Mn	25	$[Ar]3d^5 4s^2$	$d^5 s^2 p^0$	Mn^0, Mn^{+1}, $Mn^{+2}, Mn^{+3}, Mn^{+4}$, Mn^{+6}, and Mn^{+7}	Mn possède un total de 7 électrons dans ses orbitales s et d externes. Ainsi, il peut donner jusqu'à 7 électrons en passant par 1, 2, 3, 4 et 6 électrons. Des exemples de composés de Mn avec ces états d'oxydation sont: $Mn_2(CO)_{10}$ (avec 0), $MnC_5H_4CH_3(CO)_3$ (avec +1), ($MnCl_2$, $MnCO_3$, MnO) (avec +2), (MnF_3, $Mn(OAc)_3$, Mn_2O_3) (avec +3), (K_3MnO_4 (avec +5), (K_2MnO_4) (avec +6) et ($KMnO_4$, Mn_2O_7) (avec +7).
Co	27	$[Ar]3d^7 4s^2$	$d^7 s^2 p^0$	Co^{-3}, Co^{-1}, Co^{+1}, Co^{+2}, Co^{+3}, Co^{+4}, Co^{+5}	Parce que l'orbitale externe est pleine et celle de d nécessite 3 électrons pour saturer, Co peut également gagner jusqu'à 3 électrons pour compléter l'orbitale d. En attendant, il peut donner 1, 2, 3, 4 ou 5 électrons.

Q11. i) Quels types d'électrodes pourraient être combinés avec des anodes et des cathodes sans influencer le potentiel total d'une cellule électrochimique? Donner quelques exemples de ces électrodes. ii) Pourquoi l'électrode à hydrogène n'est-elle pas conseillée pour une utilisation pratique?

Sol11. i) Des électrodes de références (hydrogène, mercure, chlorure d'argent) peuvent être combinées à la fois avec des anodes et cathodes. Ils peuvent détecter le potentiel de l'anode et de cathode sans affecter le potentiel global de la cellule électrochimique. ii) Pour des applications pratiques, des électrodes de référence autres que l'hydrogène (mercure, chlorure d'argent) sont utilisées en raison des risques potentiels de l'électrode à hydrogène. Si l'hydrogène gaz s'échappe de l'électrode et réagit avec l'oxygène présent dans l'air, il produira une explosion.

Q12. Quel est le potentiel standard de l'électrode normale à hydrogène? Dans quel but est-elle utilisé?

Sol12. L'électrode normale à hydrogène possède un potentiel de 0 V. Elle est utilisée comme système une référence pour mesurer les potentiels des systèmes inconnus contre elle. Cette électrode est également utilisée pour prédire la faisabilité des réactions redox dans les cellules électrochimiques.

Section 5

Cellules Électrochimiques et Équilibres Redox

Concepts de Base avec Questions et Problèmes Résolus

Sommaire

Après avoir souligné l'importance des systèmes de références (ou électrodes) pour déterminer les potentiels d'oxydo-réduction, d'autres détails concernant leurs mesures sont donnés dans cette section. Ceux-ci comprennent la composition des cellules électrochimiques en termes d'électrode et électrolyte, ainsi que les principales quantités mathématiques régissant les réactions redox à l'état d'équilibre.

1. **Cellules électrochimiques**

Les potentiels redox mentionnés précédemment sont mesurés dans des cellules électrochimiques, typiquement constituées d'électrodes et d'électrolytes assemblés en deux demi-cellules où demi-réactions d'oxydation et de réduction se produisent séparément[1-4]. Chaque demi-cellule est constituée d'une électrode en contact avec un électrolyte, où l'électrode peut simplement être un métal conducteur (Pt, Au, Cu, Zn, C, Fe). Dans chaque demi-cellule, l'électrode pourrait jouer le rôle de la cathode (réduction) ou de l'anode (oxydation), en fonction de son potentiel et des conditions expérimentales. Si l'électrode métallique sert uniquement au transfert d'électrons (céder ou recevoir des électrons) et ne participe pas au processus d'oxydo-réduction, elle est appelée une électrode inerte. Des exemples incluent des métaux nobles, tels que Pt et Au. Cependant, si l'électrode métallique participe aux réactions, elle est appelée une électrode active. Ceci inclut des métaux non nobles comme Cu, Zn et Fe qui peuvent se dissoudre durant l'oxydation.

L'électrolyte est une autre partie importante des cellules électrochimiques. Les électrolytes sont souvent constitués de sels tell que NaCl, $MgSO_4$ et KNO_3 dissous dans des solutions aqueuses ou non aqueuses. D'autres sels de faible solubilité ($BaSO_4$, $PbSO_4$, AgCl) sont également utilisés en tant qu'électrolytes solides. En général, les sels dissous forment de bons conducteurs d'électricité, mais pas dans le sens de conductivité traditionnelle se produisant dans les conducteurs métalliques solides. La conduction électrique à travers un métal (Fe, Cu, Ni) s'achève par le mouvement des électrons à travers les trous présents dans la structure cristalline de métal mais les ions métalliques restent toujours en place. Dans les solutions d'électrolytes contenant des sels, les cations chargés positivement migrent vers l'électrode chargée négativement et les anions chargés négativement se déplacent dans la direction opposée vers l'électrode chargée positivement. Cela induit une sorte de flux de charge qui conduit l'électricité. Par conséquent, les électrolytes permettent la conduction et le transfert de flux de charge pour maintenir l'électroneutralité de la cellule électrochimique.

Dans les cellules électrochimiques, les électrodes immergées dans des électrolytes assurent la production des réactions d'oxydoréduction. Les deux demi-cellules peuvent contenir des électrolytes identiques ou différents. Les deux électrodes (cathode et anode) pourraient être immergées dans le même électrolyte ou séparées par une membrane ou un pont salin prévenant des court-circuits et maintenant l'électroneutralité de cellule électrochimique. Dans tous les cas, les électrons générés à la demi-cellule d'oxydation se déplacent à travers le circuit externe (conducteur métallique) vers l'autre demi-cellule où ils seront consommés par la demi-réaction de réduction. Par conséquent, une charge négative s'accumulera à un pôle et une charge positive à l'autre pôle. Pour maintenir la cellule globale électroneutre et permettre un flux continu de charge, les ions chargés dans l'électrolyte se déplaceront vers les électrodes de la charge opposée pour neutraliser les charges accumulées aux deux pôles.

2. Équilibres redox

Rappelez-vous que toute réaction d'oxydoréduction est chimique, mais tout processus chimique n'est pas forcement redox. Les réactions globales d'oxydoréduction semblent similaires aux réactions chimiques car les électrons impliqués dans les demi-réactions sont annulés dans le processus global [1-6]. Par exemple, une réaction globale de type ($A_2 + B \rightarrow 2A^+ + B^{2-}$) est en fait un processus redox, qui pourrait être divisé en deux demi-réactions de réduction et d'oxydation:

Oxydation: $A_2 \rightarrow 2A^+ + 2e^-$ (1)

Réduction: $B + 2e^- \rightarrow B^{2-}$ (2)

Réaction globale: $A_2 + B \rightarrow 2A^+ + B^{2-}$ (1+2)

Dans les deux demi-réactions, A_2 et B^{2-} sont les oxydants et A^+ et B sont les réducteurs. Du point de vue chimique, A_2 et B sont les réactifs et A^+ et B^{2-} sont les produits. La réaction globale est équilibrée en masse et en charge, et devrait se poursuivre de gauche à droite jusqu'à atteindre l'équilibre. Pour déterminer combien de réactifs sont transformés en produits et combien reste dans le côté réactif, le quotient de réaction Q est souvent utilisé pour décrire l'équilibre de la réaction et son état de progression à tout moment [5-6].

Q pour la réaction globale (1 + 2) est définie par: $Q = \dfrac{(B^{-2})(A^+)^2}{(B)(A_2)}$

Où (A_2), (B) et (A^+), (B^{2-}) représentent les activités (ou concentrations) des réactifs et des produits, respectivement. Rappelez-vous que les activités sont utilisées pour des solutions concentrées réelles et les concentrations pour des solutions diluées qui se comportent souvent comme idéales. De plus, l'activité (ou concentration) des composants solides, des espèces en excès et des électrons sont toujours de 1 (par convention). À l'état d'équilibre, le quotient de réaction Q est exprimé par la constante d'équilibre ($Q = K_{eq}$).

Du point de vue thermodynamique, des réactions chimiques peuvent se produire spontanément pour acquérir des états plus stables sans nécessiter un apport d'énergie de l'extérieur du system. Cependant, d'autres réactions peuvent nécessiter de l'énergie des sources externes pour aller de l'avant. À pression et température constantes, l'énergie libre de Gibbs (ΔG) est souvent utilisée pour évaluer la spontanéité d'un système. Le processus se déroule spontanément si $\Delta G < 0$ et nécessite une énergie externe si $\Delta G > 0$. $\Delta G = 0$ indique que le système a atteint l'état d'équilibre.

La plupart des grandeurs électrochimiques, y compris les potentiels d'électrodes et des cellules, sont données aux conditions standards (298 K, 1 Atm, 1 mol L^{-1}). L'énergie libre standard ΔG permet de calculer des quantités chimiques à des conditions différentes des standards. L'expression globale de l'énergie libre de Gibbs en fonction du quotient de réaction est donnée par: $\Delta G = \Delta G^o + RT \ Ln \ Q$, où G est l'énergie libre de Gibbs, G^o est l'énergie libre standard de Gibbs, R est la constante des gaz (8,3144598(48) J mol^{-1} K^{-1}), T est la température (en K), et Q est le quotient de réaction.

À son tour, G est lié au potentiel électrochimique E par l'expression: $\Delta G = -nFE$, où n est le nombre d'électrons transférés pendant la réaction redox et F est la constante de Faraday (F = 96485 C mol^{-1}).

Le remplacement de G par E dans l'expression globale de Gibbs donne ce qu'on appelle l'équation de Nernst: $E = E^o - \frac{RT}{nF} Ln \ Q$, où E^o est le potentiel standard. L'équation de Nernst est souvent simplifiée en limitant la discussion à T = 25 °C. En remplaçant les constantes R et F par leurs valeurs, la relation devient: $E = E^o - \frac{0,0257}{n} Ln \ Q$ ou $E = E^o - \frac{0,0592}{n} Log \ Q$

Notez bien la différence entre le logarithme naturel (Ln) et le logarithme base-10 (Log). n représente le nombre de moles d'électrons transférées au cours du processus en tenant compte de la stœchiométrie de la réaction.

À l'équilibre, $Q = K_{eq}$. Donc, la relation devient: $E = E^o - \frac{0,0592}{n} Log \ K_{eq}$

Gardez à l'esprit que l'équation de Nernst joue un rôle très important en chimie d'oxydoréduction. Elle permet le calcul de quantités chimiques, telles que les concentrations des espèces oxydées ou réduites, le nombre d'électrons échangés pendant le processus, ainsi que les potentiels des électrodes ou de la cellule électrochimique globale.

3. **Spontanéité des réactions d'oxydoréduction**

Le potentiel de la réaction globale est calculé en additionnant les potentiels des deux demi-réactions tels qu'écrits dans leurs formes d'oxydation et de réduction: $E_{cell} = E_{ox}$ (anode) + E_{red} (cathode)

Gardez à l'esprit que le potentiel de chaque demi-réaction est mesuré par rapport à un système de référence, souvent l'électrode à hydrogène. Les potentiels normalisés listés dans les tables thermodynamiques sont donnés soit dans des formes oxydées ou réduites, égaux en amplitude mais avec des signes opposés. En d'autres termes, si le potentiel d'oxydation de (A → $A^+ + e^-$) est E, le potentiel de réduction de ($A^+ + e^- →$ A) est $-E$. Ces réactions redox et leurs potentiels pourraient également être exprimés comme des couples redox: $E°(A/A^+) = - E°(A^+/A)$. De nombreux exemples sont fournis dans la section des questions et problèmes avec des explications détaillées, car les élèves confondent souvent si les potentiels des deux demi-réactions sont additionnés ou soustraits. Ceci dépend de la façon dont les deux demi-réactions sont présentées avec leurs potentiels respectifs.

Les potentiels standards listés dans les tables thermodynamiques varient entre environ -3 et +3 V. Ainsi, le potentiel maximal qu'une réaction globale pourrait fournir est d'environ 6V. Cette valeur induit une constante d'équilibre maximale, $K_{eq} = 10^{100n}$ (obtenu à partir de la relation: $6 V = \frac{0,0592}{n} Log\ K_{eq}$). Cette valeur est assez élevée par rapport aux constantes d'équilibres des autres réactions, telles que acide/base ($K_{eq}= 10^{-14}$). Cela signifie que les concentrations des produits à l'équilibre issus des réactions d'oxydoréduction sont beaucoup plus élevées que celles des réactifs.

En considérant la relation entre G et E, on peut conclure que les réactions redox globales se produisent spontanément si $E > 0$, nécessitent une énergie externe pour continuer si $E < 0$, et atteignent l'état d'équilibre si $E = 0$.

Résumé

La section précédente portait sur l'importance des systèmes de références (ou électrodes) dans la détermination des potentiels d'oxydoréduction sous toutes conditions. Ici, les cellules électrochimiques utilisées pour mesurer les potentiels redox sont discutées en termes de matériau d'électrode et d'électrolyte. Les cellules électrochimiques sont essentiellement constituées de deux électrodes immergées dans des électrolytes. Deux types d'électrodes sont mentionnés: les électrodes actives participant aux réactions redox et les électrodes passives servant uniquement pour transfert d'électrons. Fondamentalement, le flux de charge dans les cellules électrochimiques commence à l'anode où les électrons sont générés par oxydation. Ces électrons se déplaceront ensuite à travers le circuit externe (conducteur métallique) vers la cathode, où ils seront consommés par la réaction de réduction. Pour maintenir le flux de charge et éviter l'accumulation de charge négative à un pôle et charge positive à l'autre pôle, les ions chargés dans l'électrolyte vont se déplacer vers les électrodes avec des charges opposées pour la neutralisation (électroneutralité). Au cours des processus d'oxydoréduction, des demi-réactions (oxydation et réduction) se produisent au niveau des électrodes, et leur somme donne une réaction globale. À l'équilibre, le quotient de réaction du processus global est égal à la constante d'équilibre. La connaissance du quotient de réaction permet de calculer l'énergie libre de Gibbs (ΔG), ainsi que de déterminer la spontanéité de la réaction. À son tour, ΔG est lié au potentiel électrochimique E par l'expression: $\Delta G = -nFE$. Le potentiel cellulaire est donné par: $E_{cell} = E_{ox}$ (anode) + E_{red} (cathode). En somme, les réactions redox globales se produisent spontanément si $E > 0$, nécessitent une énergie externe pour continuer si $E < 0$, et acquit l'état d'équilibre si $E = 0$.

Références

1. Bard, A. J. and Faulkner, L. R. (2001), Electrochemical Methods. Fundamentals and Applications, John Whiley&Sons, Inc, 2nd edition, USA.
2. Wahl (2005), A Short History of Electrochemistry, Galvanotechtnik, 96 (8):1820-1828.
3. Schüring, J.; Schulz, H. D.; Fischer, W. R.; Böttcher, J.; Duijnisveld, W. H. (1999), Redox: Fundamentals, Processes and Applications, Springer-Verlag, Heidelberg.
4. Atkins, A.; Jones, L. (2007). Chemical Principles: The Quest for Insight, W. H. Freeman.
5. Dickerson, R. E.; Gray, H. B.; Haight, G. P. (1979), Chemical Principles, 3rd edition, The Benjamin/Cummings Publishing Company, Inc., Menlo Park, CA.
6. Zumdahl, S.; Zumdahl, S. (2003). Chemistry (6th ed.), Houghton Mifflin.

Section 5

Questions Pratiques et Problèmes avec Solutions

Un ensemble de questions pratiques et problèmes avec solutions détaillées sont fournies pour mieux expliquer les concepts discutés.

Q1. i) Écrire l'expression mathématique reliant le changement de l'énergie libre de Gibbs au potentiel. ii) Définir le nombre de Faraday et fournir sa valeur approximative.

Sol1. i) L'énergie libre de Gibbs est liée au potentiel par l'équation: $\Delta G = -nFE$, où n est le nombre d'électrons échangés pendant le processus redox et F est le nombre de Faraday.

ii) Le nombre de Faraday représente la charge de 1 mole d'électrons et sa valeur approximative est de 96500 C mol^{-1}. En d'autres termes, 1 mole d'électrons a une charge de 96500 Coulombs.

Q2. Considérons une cellule électrochimique composée de deux électrodes (cathode et anode). Écrire l'expression qui donne la différence de potentiel dans la cellule ainsi que son énergie libre de Gibbs. Estimer le changement d'énergie libre de Gibbs si la cellule génère un potentiel de 1,1 V et implique un transfert de 2 électrons. F = 96.5 kJ mol^{-1} V^{-1}

Sol2. L'énergie libre de Gibbs est liée au potentiel par l'équation: $\Delta G = -nFE$, où E représente la différence de potentiel entre les deux pôles (cathode et anode), F est le nombre de Faraday et n est le nombre d'électrons échangé pendant le processus redox.

La connaissance du potentiel de la cellule et le nombre d'électrons permettent d'estimer le changement de l'énergie libre de Gibbs pendant le processus redox.

Pour une cellule impliquant 2 électrons échangés et générant un potentiel de 1,1 V: $\Delta G = -nFE = -2 \times 96,5 \times 1,1 = -212,3$ kJ mol^{-1}

Q3. Si une cellule électrochimique impliquant un échange de 2 électrons subit un changement d'énergie libre de Gibbs de -5,706 kJ mol^{-1}, quelle serait la différence de tension dans la cellule? F = 96,5 kJ mol^{-1} V^{-1}. Cette cellule pourrait-elle être utilisée dans les moteurs de démarrage automobile ou en microélectronique?

Sol3. L'énergie libre de Gibbs est liée au potentiel par l'équation: $\Delta G = -nFE$, où n est le nombre d'électrons échangés, F est le nombre de Faraday et E est la tension de la cellule.

Ainsi, $E = -\frac{\Delta G}{nF} = -\left(\frac{-5,706 \text{ kJ } mol^{-1}}{2 \times 96,5 \text{ kJ } mol^{-1} V^{-1}}\right) = +0,0296$ V

Cette cellule délivre une très faible tension de seulement + 0,0296 V, ce qui est très faible pour les moteurs de démarrage automobile. Cependant, il pourrait suffire pour alimenter des microélectroniques car ils ne nécessitent pas de hautes tensions.

Q4. i) Fournir quelques exemples d'électrodes actives et inertes. ii) Pourquoi les électrodes inertes sont-elles préférées à leurs équivalents actifs pour les mesures électrochimiques?

Sol4. i) Les électrodes inertes servent uniquement pour transférer des électrons et ne participent pas aux processus d'oxydoréduction. Des exemples comprennent des métaux nobles (Pt, Au). En revanche, les électrodes actives participent aux réactions redox. Des exemples comprennent (Cu, Fe, Zn, Mg) qui pourraient se dissoudre pour libérer des cations métalliques et des électrons pendant l'oxydation.

ii) L'avantage d'utiliser des électrodes inertes pour des mesures électrochimiques est qu'elles limitent l'apparition des réactions secondaires indésirables. Par exemple, la réduction de Fe^{+2} en fer métallique ($Fe^{+2} + e^- \rightarrow Fe^0$) sur l'électrode de Pt ne produira pas des réactions secondaires indésirables car le Pt est difficile à oxyder. Cependant, si la même réaction est effectuée sur des électrodes non nobles (comme le Cu), le Fe déposé sur l'électrode pourrait être contaminé par des traces de Cu résultant de la dissolution de Cu (Cu $\rightarrow Cu^{2+} + 2e^-$) puis son dépôt avec Fe ($Fe^{+2} + e^- \rightarrow Fe^0$ et $Cu^{2+} + 2e^- \rightarrow Cu^0$) durant la réduction.

Q5. Considérons le couple redox Zn^{2+}/Zn avec un potentiel standard de -0,76 V vs. ENH. Calculer le potentiel et énergie libre de ce couple à 60 °C, 1 atm et une concentration de Zn^{2+} de 0,5 M.

Sol5. La réaction correspondante au couple redox Zn^{2+}/Zn peut s'écrire comme suit:

$Zn^{2+} + 2e^- \rightarrow Zn$

L'équation de Nernst peut être utilisée pour estimer le potentiel à d'autres conditions que les standards.

En conséquence, $E = E^o - \frac{RT}{nF} Ln\ Q = E^o - \frac{RT}{nF} Ln\ \frac{(Zn)}{(Zn^{2+})}$

Zn est un solide, donc son activité (ou concentration) est 1, et le nombre d'électrons impliqués dans la réaction est n = 2.

Cela donne: $E = E^o - \frac{RT}{nF} Ln\ \frac{1}{(Zn^{2+})} = -0,76 - \frac{8,31 \times 333,15}{2 \times 96485} Ln\ \frac{1}{(0,5)} = -0,77$ V

Bien que la concentration soit inférieure à 1 M, le potentiel résultant est légèrement plus élevé en raison de la température élevée.

L'énergie libre pourrait être estimée par la relation: ΔG = -nFE = -2 × 96485 × (-0,77) = 148,58 kJ mol^{-1}

Notez bien que l'énergie libre de Gibbs est positive, ce qui signifie que la réaction n'est pas spontanée dans ces circonstances mais nécessite une intervention externe pour déposer Zn^{2+} sur l'électrode. Cela pourrait être fait en appliquant une tension d'au moins -0,77 V.

Q6. Un étudiant a assemblé une cellule électrochimique en utilisant deux demi-cellules. La première est composée d'un fil de Pt immergé dans une solution de Fe^{3+}/Fe^{2+} à une concentration de 0,01/0,02 mol L^{-1}. L'autre demi-cellule est faite par un autre fil de Pt immergé dans une solution de MnO_4^-/Mn^{2+} à la concentration de 0,03 mol L^{-1} dissous dans une solution acide de 0,001 mol L^{-1}. La première demi-cellule est maintenue à une température de 50°C et la seconde à 25°C. i) Écrire les deux demi-réactions et la réaction globale. ii) Calculer la tension globale de la cellule et la variation de l'énergie libre de Gibbs. Les potentiels standards sont: (Fe^{3+}/Fe^{2+}) = +0,77 V vs. ENH et (MnO_4^-/Mn^{2+}) = 1,49 V vs. ENH

Sol6. La comparaison entre les potentiels standards des couples redox indique que MnO_4^- est plus oxydant que Fe^{3+} en raison de son potentiel élevé. Par conséquent, la réduction se produira dans la demi-cellule à base de Mn et l'oxydation dans la demi-cellule à base de Fe. Cela pourrait également être confirmé en calculant la variation des nombres d'oxydation des éléments dans les deux réactions. L'état d'oxydation de Mn diminue de +7 dans MnO_4^- à +2 dans Mn^{2+}, assurant la demi-réaction de réduction avec un transfert de 5 électrons. Le nombre d'oxydation de Fe augmente de +2 dans Fe^{2+} à +3 dans Fe^{3+}, assurant la demi-réaction d'oxydation avec le transfert de 1 électron.

Oxydation: $Fe^{2+} \rightarrow Fe^{3+} + 1e^-$

Réduction: $MnO_4^- + 5e^- \rightarrow Mn^{2+}$

La réaction de réduction pourrait être équilibrée en ajoutant H^+ et H_2O pour donner:

Oxydation: $(Fe^{2+} \rightarrow Fe^{3+} + e^-) \times 5$

Réduction: $MnO_4^- + 8H^+ + 5e^- \rightarrow Mn^{2+} + 4H_2O$

Pour éliminer le nombre d'électrons dans la réaction globale, la demi-réaction d'oxydation est multipliée par un facteur 5. La somme des deux demi-réactions donne la réaction équilibrée suivante:

Réaction globale: $MnO_4^- + 8H^+ + 5Fe^{3+} \rightarrow Mn^{2+} + 4H_2O + 5Fe^{3+}$

ii) Puisque les conditions expérimentales des deux demi-cellules sont différentes, il est préférable de calculer le potentiel de chaque demi-cellule en utilisant l'équation de Nernst avant d'additionner les deux.

$E_{Fe} = E^o - \frac{RT}{nF} Ln\, Q = E^o - \frac{RT}{5F} Ln\, \frac{(Fe^{3+})^5}{(Fe^{2+})^5} = -0,77 - \frac{8,31 \times 323,15}{5 \times 96485} Ln\, \frac{(0,01)^5}{(0,02)^5} = -0,77 + 0,0055 \times 3,46 = -0,75$ V

$$E_{Mn} = E^o - \frac{RT}{nF} Ln\, Q = E^o - \frac{RT}{5F} Ln \frac{(Mn^{2+})}{(MnO_4^-)(H^+)^8} = 1,49 - \frac{8,31 \times 298}{5 \times 96485} Ln \frac{(0,3)}{(0,3)(0,001)^8} = 1,49 - 0,0051 \times 55,26 = 1,20\, V$$

Le potentiel de la cellule globale est obtenu en additionnant les deux potentiels: E_{cell} = 1,20 − 0,75 = 0,45 V

L'énergie libre de Gibbs est obtenue en utilisant la relation: ΔG = -nFE = -5 × 96485 × 0,45 = -217,09 kJ mol^{-1}

La valeur de l'énergie libre de Gibbs est négative, ce qui signifie que la réaction globale se produit spontanément dans ces conditions sans nécessiter un apport énergétique externe.

Q7. Calculer la constante d'équilibre dans les conditions standards de la réaction suivante: AgCl ↔ Ag$^+$ + Cl$^-$

Les potentiels standards des couples redox impliqués sont: (AgCl/Ag) = 0,2223 V vs. ENH et (Ag$^+$/Ag) = 0,799 V vs. ENH.

Sol7. Les couples redox donnés faciliteraient la détermination des deux demi-réactions d'oxydation et de réduction. D'abord, il faut écrire les couples redox dans leurs formes données.

AgCl + e^- → Ag + Cl$^-$, $E°$ = 0,2223 V (1)

Ag$^+$ + e^- → Ag, $E°$ = 0,799 V (2)

La comparaison avec la réaction globale donnée indique que réaction (1) est la réduction et l'inverse de réaction (2) est l'oxydation. Par conséquent, les demi-réactions impliquées dans la réaction globale sont:

Oxydation: Ag → Ag$^+$ + e^-, $E°$ = -0,799 V

Réduction: AgCl + e^- → Ag + Cl$^-$, $E°$ = 0,2223 V

Réaction globale: AgCl → Ag$^+$ + Cl$^-$

Notez bien que lorsque la réaction est inversée, le signe du potentiel est également inversé.

Le potentiel de la réaction globale aux conditions standard est la somme des potentiels des deux demi-réactions écrites dans leurs états actuels: $E°_{total}$ = -0,799 + 0,2223 = - 0,577 V

La constante d'équilibre (K_{eq}) pourrait être obtenue par l'équation de Nernst: $E = E^o - \frac{RT}{nF} Ln\, Q$

À l'équilibre, Q = K_{eq} et E = 0. Par conséquent, $E^o = \frac{RT}{nF} Ln\, K_{eq}$ ou $Ln\, K_{eq} = E^o(\frac{nF}{RT})$

L'expression pourrait également être convertie en logarithme de base-10 (*Log*):

$Log\, K_{eq} = E^o(\frac{n}{0,0592})$

Le nombre d'électrons transférés pendant le processus est n = 1.

$Log\ K_{eq} = (-0,577)\left(\frac{1}{0,0592}\right) = -9,75$, ou $K_{eq} = 10^{-9,75} = 1,8 \times 10^{-10}$

Q8. Considérer la réaction globale: $Zn_{(s)} + Cu^{2+}_{(aq)} \rightarrow Zn^{2+}_{(aq)} + Cu_{(s)}$, impliquant les deux demi-réactions.

$Cu^{2+}_{(aq)} + 2e^- \leftrightarrow Cu_{(s)}$, $E° = 0,34$ V

$Zn^{2+}_{(aq)} + 2e^- \leftrightarrow Zn_{(s)}$, $E° = -0,76$ V

Calculer le potentiel standard de la réaction globale. La réaction est-elle spontanée, pourquoi?

Sol8. La réaction globale suggère que la première demi-réaction est la réduction et la seconde est l'oxydation. Par conséquent, la réaction de Zn doit être renversée pour s'adapter à la direction de la réaction globale.

Oxydation: $Zn(s) \rightarrow Zn^{2+}_{(aq)} + 2e^-$, $E° = +0,76$ V

Réduction: $Cu^{2+}_{(aq)} + 2e^- \rightarrow Cu_{(s)}$, $E° = 0,34$ V

Réaction globale: $Zn_{(s)} + Cu^{2+}_{(aq)} \rightarrow Zn^{2+}_{(aq)} + Cu_{(s)}$

Notez bien que le potentiel redox de la demi-réaction de Zn est inversé car la réaction est inversée pour exprimer un processus d'oxydation.

Le potentiel de la réaction globale est la somme des potentiels des deux demi-réactions:

$E_{Total} = 0,76 + 0,34 = 1,1$ V

Considérant la relation entre ΔG et E ($\Delta G = -nFE$) et puisque E est positif, $\Delta G < 0$. Cela signifie que la réaction est spontanée.

Q9. Considérons deux demi-cellules électrochimiques avec différentes concentrations de NaCl (1 M et 0,5 M). i) Si les deux cellules sont séparées par une membrane ionique, que va-t-il se passer entre elles? ii) Cette configuration crée-t-elle une différence de potentiel? iii) Supposons qu'au lieu de la barrière semi-perméable, une barrière perméable soit utilisée puis complètement enlevée. Que se passerait-il dans les deux cas?

Sol9. i) Parce que les deux demi-cellules ont des concentrations différentes, un gradient de concentration sera créé entre eux permettant la circulation des ions jusqu'à atteindre l'équilibre. ii) Ceci crée une force motrice chimique et induit une différence de potentiel qui pourrait être exprimée par l'équation de Nernst.

$E = E^o - \frac{RT}{nF} Ln\ Q$, où Q est le quotient de réaction impliquant les concentrations des espèces redox.

iii) Les barrières semi-perméables sont des membranes permettant à certains types d'ions de passer à travers et bloquer d'autres. Dans ce cas, il permet aux ions de diffuser lentement de côté avec concentration élevée à l'autre avec concentration faible. Le remplacement d'une barrière semi-perméable par une barrière perméable permettra à la plupart des espèces de se diffuser et d'atteindre l'équilibre plus rapidement. D'autre part, l'élimination de la barrière induira un mélange instantané d'ions dans les deux demi-cellules, éliminant le gradient de concentration et la différence de potentiel.

Q10. i) Quelle est la relation entre la tension d'une cellule électrochimique et l'énergie libre? ii) Quel est le lien entre la tension et l'énergie libre d'une cellule électrochimique en fonction de celles des deux demi-cellules? iii) En comparant les potentiels des deux demi-cellules, comment peut ont identifié l'anode et la cathode? vi) Quelle est la signification d'une tension de cellule globale positive? v) Quelle est la signification d'un potentiel négatif d'une cellule électrochimique? vi) À l'équilibre, quelles sont les valeurs de la tension de la cellule globale ainsi que son énergie libre?

Sol10. i) La tension de la cellule est liée à l'énergie libre par l'équation: $\Delta G = -nFE$

ii) L'énergie libre et la tension d'une réaction électrochimique globale est la somme des valeurs des deux demi-cellules. En d'autres termes, ces paramètres sont des additifs. iii) En comparant les potentiels des deux demi-cellules, il est possible d'identifier quels pôles sont oxydés ou réduits. Les deux potentiels doivent être comparés à l'état de réduction. La demi-cellule avec un potentiel inférieur est l'oxydation et celle avec un potentiel plus élevé est la réduction. Cela pourrait également être confirmé (ou vérifié) en déterminant les nombres d'oxydation des éléments.

iv) Selon la relation ci-dessus, un potentiel de cellule positif signifie une énergie libre négative, impliquant une réaction spontanée ne nécessitant aucune intervention externe. v) En revanche, une tension de cellule négative implique une énergie libre positive. Ceci, à son tour, indique que la réaction n'est pas spontanée et qu'un apport énergétique externe est nécessaire pour que la réaction progresse. vi) À l'équilibre, la tension et l'énergie libre de la cellule sont égales à zéro.

Q11. i) Estimer la tension d'une cellule composée de deux demi-cellules constituées chacune d'une tige de Cu immergée dans une solution de $CuCl_2$ à 3M. ii) Quelle est l'énergie libre de cette cellule à 20 °C? Un étudiant a dilué une des deux demi-cellules avec de l'eau jusqu'à ce que la concentration est devenue 2 M. iii) Calculer le nouveau potentiel et l'énergie libre de la cellule électrochimique. vi) Du point de vue pratique, cette cellule vaut-elle la peine d'être construite, pourquoi?

Sol11. i) Puisque les demi-cellules sont faites du même métal immergé dans la même solution, aucune tension ne sera produite. ii) et i) La tension de la cellule est liée à son énergie libre par l'équation: $\Delta G = -nFE$. Par conséquent, si $E = 0$, $\Delta G = 0$

iii) En diluant la concentration de l'une des deux demi-cellules, une force chimique se crée en raison de la différence de concentration. Ceci, à son tour, produira un potentiel qui peut être estimé par l'équation de Nernst.

Les potentiels des deux demi-cellules doivent d'abord être estimés et comparés. Le moins élevé devrait être l'oxydation et le plus élevé est la réduction.

À l'état d'oxydation: $Cu \rightarrow Cu^{+2} + 2e^-$, et $E = E^o - \frac{RT}{nF} Ln(Cu^{2+})$

E_1 (3M) = $E^o - \frac{8,31 \times 383,15}{2 \times 96485} Ln(3) = 0,337 - 0,018 = 0,319$ V

E_2 (2M) = $E^o - \frac{8,31 \times 383,15}{2 \times 96485} Ln(2) = 0,337 - 0,0114 = 0,325$ V

La demi-cellule avec une concentration supérieure (E_1) sera l'oxydation et l'autre pôle avec la concentration plus faible (E_2) sera la réduction.

Oxydation: $Cu \rightarrow Cu^{2+} + 2e^-$, E_1

Réduction: $Cu^{2+} + 2e^- \rightarrow Cu$, $-E_2$

Réaction globale: $Cu + Cu^{2+} (M_1) \rightarrow Cu^{2+} (M_2) + Cu$

Cela génère un potentiel de cellule: $E_{cell} = 0,319 - 0,325 = -0,006$ V

Ce potentiel est très petit et de signe négatif (non spontané). Par conséquent, cette cellule électrochimique ne vaut certainement pas la peine d'être construite.

L'énergie libre de la cellule globale peut être estimée en utilisant l'équation: $\Delta G = -nFE_{cell} = -1 \times 96485 \times (-0,006) = 0,578$ kJ mol^{-1}

L'énergie libre est positive, ce qui signifie que la réaction globale n'est pas spontanée et nécessite une énergie externe.

Q12. Déterminer les deux demi-réactions impliquées dans chacune des réactions globales ci-dessous. Calculer le potentiel de chaque réaction globale dans les conditions standards. Quelles sont les cellules électrochimiques qui peuvent s'effectuer spontanément?

i) $Fe^{2+} + Mg \rightarrow Fe + Mg^{2+}$

ii) $AgCl \rightarrow Ag + ½Cl_2$

iii) $Cr + 3Cl_2 \rightarrow Cr^{3+} + 6Cl^-$

iv) $2Ag + \frac{1}{2}O_2 + 2H^+ \rightarrow 2Ag^+ + H_2O$

Les potentiels standards sont: (Mg^{2+}/Mg) = -2,37 V vs. ENH, (Fe^{2+}/Fe) = -0,44 V vs. ENH, (Cr^{3+}/Cr) = -0,74 V vs. ENH, (Cl_2/Cl^-) = +1,358 V vs. ENH, (Ag^+/Ag) = 0,7994 V vs. ENH et (O_2/H_2O) = 1,23 V vs. ENH.

Sol12. Les réactions globales ainsi que les potentiels standards donnés permettent de deviner facilement les deux demi-réactions dans chaque cas. La méthode de l'état (ou nombre) d'oxydation pourrait également être utilisée pour déterminer la demi-réaction d'oxydation et de réduction dans chaque cas.

i) L'état d'oxydation de Mg augmente de 0 à +2 (demi-réaction d'oxydation). Le nombre d'oxydation de Fe diminue de +2 à 0 (demi-réaction de réduction).

Oxydation: $Mg \rightarrow Mg^{2+} + 2e^-$, $E°$ = 2,37 V

Réduction: $Fe^{2+} + 2e^- \rightarrow Fe$, $E°$ = -0,44 V

Réaction globale: $Mg + Fe^{2+} \rightarrow Mg^{2+} + Fe$

L'équation de Nernst pourrait être utilisée pour calculer le potentiel.

$E = E^o - \frac{RT}{nF} Ln\, Q$, où Q est le quotient de réaction lié aux concentrations (ou activités).

Aux conditions standards, puisque la concentration est de 1M: $\frac{RT}{nF} Ln\, Q = 0$

Donc, $E = E^o$ = 2,37 – 0,44 = 1,93 V

Le potentiel est lié à l'énergie libre par la relation: ΔG = -nFE, et puisque E est positif, ΔG est négatif. Cela signifie que cette réaction se produit spontanément. La tension de la cellule est assez élevée, ce qui la rend intéressante pour des dispositifs énergétiques.

La même procédure est utilisée pour les autres réactions.

ii) Oxydation: $Ag^+ + 1e^- \rightarrow Ag$, $E°$ = 0,7994 V

Réduction: $Cl^- \rightarrow \frac{1}{2}Cl_2 + 1e^-$, $E°$ = -1,358 V

Réaction globale: $AgCl \rightarrow Ag + \frac{1}{2}Cl_2$

$E = E^o$ = 0,7994 – 1,358 = -0,558 V

Parce que E est négatif, ΔG est positif, ce qui signifie que la réaction n'est pas spontanée mais nécessite une énergie externe pour se produire.

iii) Oxydation: $Cr \rightarrow Cr^{3+} + 3e^-$, $E°$ = 0,74 V

Réduction: $3Cl_2 + 3e^- \rightarrow 6Cl^-$, $E°$ = 1,358 V

Réaction globale: Cr + 3Cl$_2$ → Cr^{3+} + 6Cl$^-$

$E = E^o$ = 0,74 + 1,358 = 2,1 V

L'énergie libre est négative car E est positif, ce qui signifie que la réaction se produit spontanément. La tension de la cellule est assez élevée, donc intéressante pour des dispositifs énergétiques.

vi) Oxydation: 2Ag → 2Ag$^+$ + 2e^-, $E°$ = -0,7994 V

Réduction: ½O$_2$ + 2H$^+$ + 2e^- → H$_2$O , $E°$ = 1,23 V

Réaction globale: 2Ag + ½O$_2$ + 2H$^+$ → 2Ag$^+$ + H$_2$O

$E = E^o$ = -0,7994 + 1,23 = 0,43 V

ΔG est négatif car E est positif, indiquant une réaction spontanée. La tension de la cellule n'est pas très élevée mais si plusieurs cellules sont combinées en série, cela peut être utile pour des dispositifs d'énergies.

Q13. Considérer les réactions générales suivantes:

i) Sn + AgCl → Sn^{2+} (0,07 M) + Ag + Cl$^-$

ii) 2Pb + 2SO$_4^{2-}$ + PbO$_2$ → 2PbSO$_4$ + pb^{2+} (10^{-16} M)

Déterminer les demi-réactions d'oxydation et de réduction dans chaque cas. Écrire les réactions équilibrées. Estimer les potentiels des deux demi-réactions et la réaction globale à 1 atm et 30 °C. Les réactions globales sont-elles spontanées? Les potentiels standards sont: (Sn^{2+}/Sn) = -0,137 V vs. ENH, (AgCl/Ag) = 0,222 V vs. ENH, (PbO$_2$/Pb^{2+}) = 1,468 V vs. ENH et (PbSO$_4$/Pb) = -0,350 V vs. ENH.

Sol13. i) Dans le premier cas, le nombre d'oxydation de Sn augmente de 0 à +2 (demi-réaction d'oxydation) et celui de Cl diminue de 0 à -1 (demi-réaction de réduction). Cela pourrait également être confirmé en comparant les potentiels standards. Puisque AgCl/Ag a un potentiel plus élevé, il devrait être la demi-réaction de réduction et Sn^{2+}/Sn avec un potentiel inférieur devrait être la demi-réaction d'oxydation qui génèrera les électrons. Les réactions équilibrées sont donc:

Oxydation: Sn → Sn^{2+} + 2e^-, $E°$ = 0,137 V

Réduction: 2AgCl + 2e^- → 2Ag + 2Cl$^-$, $E°$ = 0,222 V

Réaction globale: Sn + 2AgCl → Sn^{2+} + 2Ag + 2Cl$^-$

Les potentiels sous ces conditions pourraient être estimés en utilisant l'équation de Nernst. Comme aucune information n'est mentionnée concernant la concentration de Cl⁻, elle doit être prise aux conditions standards (1 M).

$E_{Sn} = E^o - \frac{RT}{nF} Ln\, Q = E^o - \frac{RT}{nF} Ln\, \frac{(1)}{(Sn^{2+})} = -0{,}137 - \frac{8{,}31 \times 303{,}15}{2 \times 96485} Ln\, \frac{(1)}{(0{,}07)} = -0{,}137 - 0{,}0347 = -0{,}171$ V

$E_{AgCl} = E^o - \frac{RT}{nF} Ln\, Q = E^o - \frac{RT}{nF} Ln\,(Cl^-) = 0{,}222 - \frac{8{,}31 \times 303{,}15}{2 \times 96485} Ln\,(1) = 0{,}222 - 0 = 0{,}222$ V

Le potentiel de la réaction globale est la somme de celles des deux demi-réactions écrites dans leurs états actuels. $E_{cell} = 0{,}137 + 0{,}222 = 0{,}359$ V

$\Delta G = -nFE_{cell} = -2 \times 96485 \times 0{,}359 = -69{,}276$ kJ mol⁻¹

ΔG<0, ce qui signifie une réaction spontanée.

ii) L'état d'oxydation de Pb diminue de +4 dans PbO₂ à +2 dans Pb²⁺ (demi-réaction de réduction) et celui de Pb augmente de 0 dans Pb à +2 dans PbSO₄ (demi-réaction d'oxydation). Cela pourrait également être confirmé en comparant les potentiels comme dans le cas précédent.

Oxydation: $Pb + SO_4^{2-} \rightarrow PbSO_4 + 2e^-$, $E° = 0{,}350$ V

Réduction: $PbO_2 + 4e^- \rightarrow Pb^{2+}$, $E° = 1{,}468$ V

La réaction de réduction pourrait être équilibrée en ajoutant H⁺ et H₂O.

Oxydation: $(Pb + SO_4^{2-} \rightarrow PbSO_4 + 2e^-) \times 2$

Réduction: $PbO_2 + 4H^+ + 4e^- \rightarrow Pb^{2+} + 2H_2O$

Pour éliminer les électrons dans la réaction globale, la réaction d'oxydation est multipliée par un facteur de 2.

La réaction globale équilibrée pourrait être écrite comme:

$2Pb + 2SO_4^{2-} + PbO_2 + 4H^+ \rightarrow 2PbSO_4 + Pb^{2+} + 2H_2O$

Or $2Pb + PbO_2 + 2H_2SO_4 \rightarrow 2PbSO_4 + Pb^{2+} + 2H_2O$

Le potentiel pourrait être estimé par l'équation de Nernst. Puisque rien n'est mentionné à propos des concentrations de protons et SO₄²⁻, ils sont pris comme 1M.

$E_{PbO_2} = E^o - \frac{RT}{nF} Ln\, Q = E^o - \frac{RT}{nF} Ln\, \frac{(Pb^{2+})}{(H^+)^4} = 1{,}468 - \frac{8{,}31 \times 303{,}15}{4 \times 96485} Ln\,(10^{-16}) = 1{,}468 - (-0{,}24) = 1{,}708$ V

$E_{PbSO_4} = E^o - \frac{RT}{nF} Ln\, Q = E^o - \frac{RT}{nF} Ln\, \frac{1}{(SO_4^{2-})^2} = -0{,}350 - \frac{8{,}31 \times 303{,}15}{4 \times 96485} Ln\,(1) = -0{,}350 - (0) = -0{,}350$ V

Le potentiel de la réaction globale est obtenu en additionnant les deux valeurs: E_{cell} = 0,350 + 1,468 = 1,818 V

La tension de la cellule est positive, donc l'énergie libre est négative, confirmant la spontanéité de la réaction globale.

Q14. Considérer la réaction globale équilibrée suivante: $Pt + O_3 + 2H^+ \rightarrow Pt^{2+} + O_2 + H_2O$

i) Calculer le potentiel standard du couple redox O_3/O_2 si le potentiel standard de Pt^{2+}/Pt = 1,188 V et celui de la réaction globale est de 0,887 V. ii) Quelle serait la tension de la cellule si la concentration de Pt^{2+} est diluée à 10^{-4} M?

Sol14. i) La réaction globale peut être décomposée en deux demi-réactions:

Oxydation: $Pt \rightarrow Pt^{2+} + 2e^-$, $E°$ = -1,188V

Réduction: $O_3 + 2H^+ + 2e^- \rightarrow O_2 + H_2O$, $E°$ = ?

Réaction globale: $Pt + O_3 + 2H^+ \rightarrow Pt^{2+} + O_2 + H_2O$, $E°_{cell}$ = 0,887 V

Notez bien que le signe du potentiel du couple redox à base de Pt est inversé puisqu'il est écrit sous forme d'oxydation. Le potentiel global est la somme des potentiels des deux demi-réactions écrites dans leurs états actuels.

En utilisant l'équation de Nernst, il est possible d'estimer le potentiel de la réaction globale.

$E°_{cell} = E°_{Pt} + E°_{O3}$, ou $E°_{O3} = E°_{cell} - E°_{Pt}$ = 0,887 + 1,188 = 2,075 V

ii) Si la concentration est diluée, le nouveau potentiel peut être estimé par l'équation de Nernst.

$E_{cell} = E° - \frac{RT}{nF} Ln\, Q = E° - \frac{RT}{nF} Ln \frac{(Pt^{2+})}{(H^+)^2} = 0,887 - \frac{8,31 \times 298,15}{2 \times 96485} Ln\, (10^{-4}) = 0,887 - (-0,118) = 1,005$ V

Notez bien que les concentrations de H_2O, O_2, O_3 et H^+ sont toutes prises comme 1 (excès, phase gazeuse, aucune donnée fournie).

Table des Matières

Offres de remise	1
Introduction	2
Section 4 : Importance des Références en Détermination des Potentiels Redox	3
Sommaire	4
1. Systèmes (ou électrodes) de référence	4
2. Potentiels standards	4
3. Potentiels redox	5
4. Changement de potentiel à travers le tableau périodique	6
4.1. Tendances à travers le groupe des métaux alcalins	6
4.2. Métaux alcalino-terreux	7
4.3. Métaux de transition	7
4.4. Lanthanides et actinides	8
4.5. Autres groupes	8
Résumé	9
Références	10
Questions Pratiques et Problèmes avec solutions	11
Section 5: Cellules Électrochimiques et Équilibres Redox	17
Sommaire	18
1. Cellules électrochimiques	18
2. Équilibres redox	19
3. Spontanéité des réactions d'oxydoréduction	21
Résumé	21
Références	22
Questions Pratiques et Problèmes avec solutions	23
Table des matières	35
À Propos De l'Auteur	37

www.ingramcontent.com/pod-product-compliance
Lightning Source LLC
Chambersburg PA
CBHW062236220526
45471CB00009B/3502